INVENTAIRE
S 22.118

LA
QUESTION CHEVALINE

DANS SES RAPPORTS

AVEC LA

PRODUCTION DU CHEVAL

DE

L'ARMÉE ET DE LUXE

PAR B. ABADIE,

VÉTÉRINAIRE DU DÉPARTEMENT DE LA LOIRE-INFÉRIEURE ,
MEMBRE DE LA SOCIÉTÉ ACADÉMIQUE DE NANTES.

NANTES

IMPRIMERIE WILLIAM BUSSEUIL

1860.

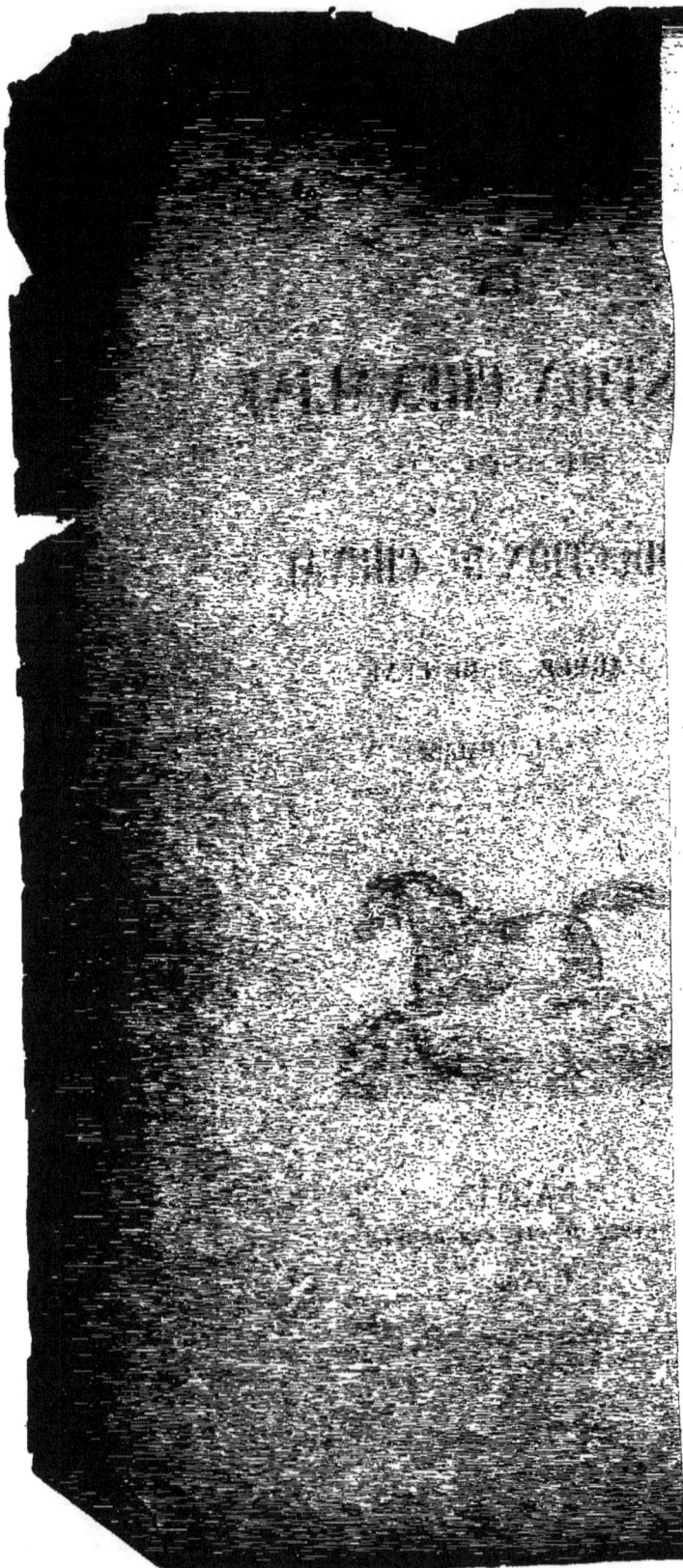

LA QUESTION CHEVALINE

DANS SES RAPPORTS AVEC LA PRODUCTION DU CHEVAL

DE L'ARMÉE ET DE LUXE.

C.

LA

QUESTION CHEVALINE

DANS SES RAPPORTS

AVEC LA

PRODUCTION DU CHEVAL

DE

L'ARMÉE ET DE LUXE

Par B. ABADIE,

VÉTÉRINAIRE DU DÉPARTEMENT DE LA LOIRE-INFÉRIEURE ;
MEMBRE DE LA SOCIÉTÉ ACADÉMIQUE DE NANTES.

NANTES

IMPRIMERIE WILLIAM BUSSEUIL.

—

1860.

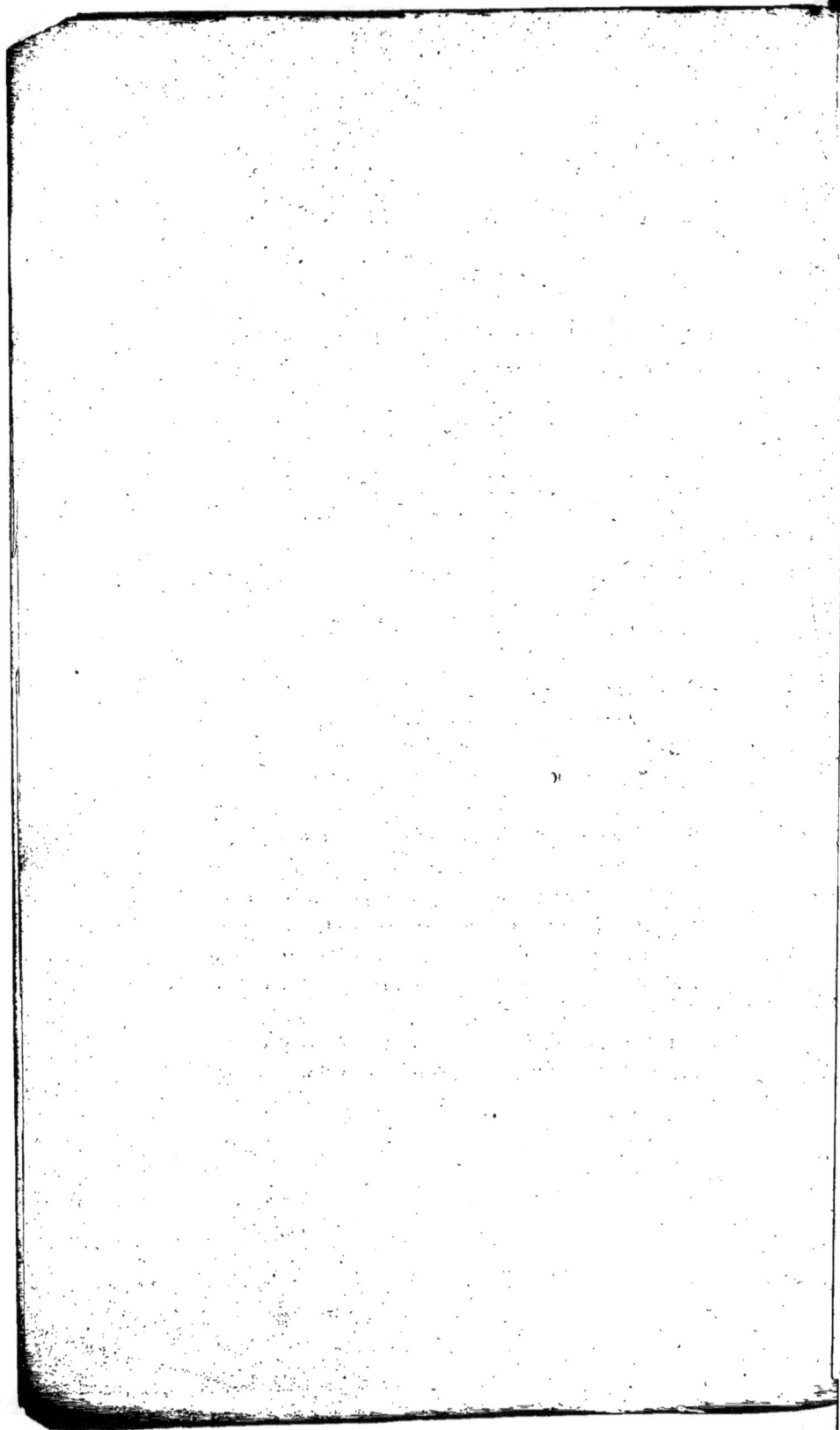

LA QUESTION CHEVALINE

DANS SES RAPPORTS

AVEC LA PRODUCTION DU CHEVAL

DE L'ARMÉE ET DE LUXE.

La question chevaline a , de tout temps , été l'objet de
nombreuses controverses ; les doctrines les plus opposées
out , tour à tour, été défendues par de nobles champions ;
cependant , quoique du choc des idées doive jaillir la lumière , la discussion , sur ce point , nous paraît aussi
éloignée que jamais de la solution du problème à résoudre :
multiplication et amélioration en rapport avec nos besoins.

Si l'on consulte les statistiques , on voit qu'avec une population chevaline d'environ 3,000,000 de sujets, la France
est obligée de recourir à l'importation annuelle de 20,000
chevaux , d'une valeur d'au moins 1,000 fr. par tête. C'est
un impôt de 20,000,000 de francs , par an , payé par la
consommation française à l'agriculture étrangère. Or,
comme en cas de guerre , la frontière étant fermée à l'im-

portation, l'industrie et le luxe français devraient puiser à la même source que la remonte de l'armée, il n'est pas difficile d'entrevoir que la production nationale, suffisant pour combler les besoins de cette dernière, en temps de paix, deviendrait complètement impuissante à satisfaire ces nouvelles demandes. Aussi, si l'agriculture du pays pouvait fournir annuellement les 20,000 chevaux qui font actuellement défaut, tout irait-il pour le mieux. C'est à trouver le moyen de réaliser ce problème que s'ingénient les hommes les plus considérables par leur position dans notre France ; si bien que nous avons honte de mêler notre faible voix à une discussion de si haute compagnie. Cependant, pour qu'une enquête soit complète, tout le monde doit être entendu : sous ce rapport, nous pensons même qu'on recueillerait de bonnes vérités de la bouche de nos paysans éleveurs.

I.

Toute statistique, pour apparaître avec sa valeur véritable, doit être raisonnée : recherchons donc, si cela est possible, les catégories de chevaux que l'espèce comporte en France.

1° La première qui s'offre par son importance est celle de trait, dont quelques races nous sont enviées par l'étranger. Cette catégorie suffit à tous nos besoins et fournit la plus grande part de nos exportations. Elle peut parer à toutes les éventualités de guerre, pour remonter notre artillerie et notre train des équipages. Sous ce rapport, personne ne se plaint ; et comme il y a des choses assurément plus pressées que de s'occuper de certains détails de son élevage, nous ne nous y arrêterons pas ici, si ce n'est pour dire que la Bretagne, le Perche, le Boulonnais, les Ardennes sont justement fiers de leurs races, qui leur rapportent à la fois honneur et profit.

2° Vient ensuite cette catégorie, trop nombreuse, hélas! de chevaux sans type, qu'on appelle dégénérés, communs, de campagne, sans s'inquiéter de la qualification qui leur est le mieux appropriée : en tous cas enfants du hasard et de la misère, n'offrant ni caractère, ni physionomie définis, produits d'une agriculture pauvre ou de soins mal combinés, mangeant comme de bons chevaux, mais ne travaillant que comme de mauvais. Cette catégorie est assurément la plus nombreuse. Personne ne se plaint qu'elle fasse défaut; cependant, dans notre France démocratique, elle a peut-être, plus qu'on ne le pense, sa raison d'être.

3° Enfin, la troisième catégorie comprend les chevaux de luxe. Par chevaux de luxe, nous entendons ceux qui, aptes à la selle et au trait léger, sont susceptibles de donner des preuves de fonds à une certaine vitesse, en même temps que la garantie d'une longue durée : elle comprend les *bons chevaux* de cavalerie de toutes armes et tous ceux qui, employés dans l'industrie et le luxe, sont au moins leurs équivalents. C'est cette catégorie seule qui fait défaut. Si sa production s'est améliorée et s'améliore encore, la consommation s'est élevée constamment au moins dans la même proportion, si bien que le déficit est toujours le même, et qu'il se comble par la majeure partie des 20,000 chevaux annuellement importés de l'étranger. Aussi est-ce seulement de cet ordre de chevaux que se préoccupent les hommes jaloux à la fois de l'un des éléments de notre gloire militaire et de l'une des sources de notre prospérité agricole.

C'est surtout la statistique vraie de cette catégorie qu'il serait important de connaître d'une manière précise : non seulement on devrait pouvoir se rendre compte du nombre des poulinières, des élèves et des animaux en service ; mais en outre être parfaitement fixé sur l'assiette des premières au moins. Divers auteurs estiment, sans y comprendre ceux de l'armée, à 100,000 le nombre des chevaux de luxe en service pour toute la France. En supposant que ce nombre soit plus élevé de moitié, et qu'il se renouvelle par septième, c'est plus de 20,000 chevaux qu'il faudrait annuellement pour combler les vides; et en admettant que l'armée en réclame 10,000, ce serait un total de 30,000 sujets que l'élevage de la France devrait fournir annuellement pour nous soustraire au tribut de l'étranger. Or, parmi les 20,000 chevaux importés, 15,000 peuvent être rangés dans cette catégorie; d'où il résulte que le quart à peine de nos chevaux de luxe est de provenance française, et que sur une population de 3,000,000 de chevaux, qui implique au moins 300,000 naissances annuelles, 15,000 seulement de ces dernières rentrent dans la classe des chevaux de cavalerie et de luxe.

Cependant la France possède 2,000 étalons impériaux ou subventionnés par l'Etat : en admettant que chacun saillisse 50 juments, ce qui n'est pas exagéré, on trouve que sur les 100,000 qui leur sont présentées, 60,000 au moins doivent être fécondées; en supposant que la moitié des produits de ces dernières parviennent à bonne condition à l'âge de quatre ans, on arrive encore à un chiffre de 30,000, qui, s'il était atteint, équilibrerait la production et la consommation, tandis que réellement il reste au-dessous de moitié.

Telle est la situation, si nous ne nous abusons, et si nous n'avons été illusionné dans les recherches auxquelles nous nous sommes livré.

Le moyen d'en sortir n'est pas, nous en convenons, aisé à trouver; mais comme il est permis à chacun d'exprimer son opinion, nous offrons la nôtre, heureux si nous parvenons à jeter quelque lumière là où règne tant d'obscurité, ainsi que l'attestent les avis opposés des hommes réputés les plus compétents.

II.

Pour faire des chevaux, de bons chevaux, trois éléments perfectionnés sont indispensables : 1° l'étalon ; 2° la poulinière ; 3° l'homme représentant les soins, le logement, la nourriture. Ce n'est point ici le lieu de déduire, par des raisons physiologiques, la part qu'a, dans la valeur du produit, chacun de ces trois éléments; mais s'il s'est trouvé des hommes pour proclamer tour à tour la supériorité absolue d'influence des uns sur les autres, il faut croire que cette fantaisie a été engendrée par le besoin de combattre une doctrine absolue, qui en aura fait naître, chez le contradicteur, une ayant le même défaut. En tout cas, tous les éleveurs intelligents attribuent une large part à chacun de ces éléments, et nous ne sommes pas éloigné de croire qu'elle peut être cotée avec une parfaite parité : de sorte

que les trois éléments représentant chacun 3, produiraient
9, puisque leur influence serait égale , et des fractions en
moins, quand le contingent de l'un d'eux serait incomplet.

III.

L'ÉTALON.

Autour de l'étalon s'est fait de tout temps le plus grand
bruit. On sait que le gouvernement le détient par son administration des haras qui ressort au ministère de l'agriculture. Jadis la guerre l'a convoité, mais depuis longtemps
elle a résigné ses prétentions. Aujourd'hui des hommes
puissants, animés des meilleures intentions, combattent
ardemment, peut-être avec trop de passion, en faveur de
l'émancipation de cette industrie, à une condition cependant : c'est que l'argent aujourd'hui dépensé par les haras,
sera reparti en primes entre les mains des détenteurs d'é-
talons. Ainsi tout le monde est d'accord sur ce point que
l'industrie des étalonniers a besoin, pour se maintenir, de
larges subventions de l'Etat. En tout état de choses, le
budget devra à cet égard s'imposer de grands sacrifices.
La difficulté à résoudre se circonscrit ainsi : y a-t-il avantage, pour l'intérêt général, à remettre aux particuliers
les étalons possédés aujourd'hui par l'administration des
haras, en leur laissant le soin de les entretenir et de les
renouveler au fur et à mesure de leur usure ou de leur
extinction ? ou bien vaut-il mieux continuer les errements
du passé, en y apportant les améliorations nécessitées par
l'expérience ?

IV.

L'Etat, dit-on, doit, en principe, s'effacer devant l'industrie privée qui fera toujours mieux et à meilleur compte que lui. C'est là un principe magnifique : seulement nous croyons que dans l'espèce il coûterait cher au pays, s'il était appliqué. Où sont les hommes qui, en France, veuillent dire à l'Etat : « Donnez-nous vos étalons ou reformez-les, pour que nous les remplacions par de meilleurs ; accordez-nous une prime, qui vous sera moins onéreuse que vos dépenses actuelles, et nous nous chargeons de pourvoir aux exigences de la production, à la satisfaction générale des éleveurs et des consommateurs de tout ordre. » A ceux qui prétendent que ces hommes existent, nous avons bien le droit de demander : « Montrez-les-nous donc ?... » En 1853, l'administration fut engagée à entrer dans cette voie. On dit qu'elle n'y entra pas franchement. Nous ignorons si ce grief est fondé. Nous n'avons, du reste, ni à la défendre, ni à l'attaquer. Toujours est-il qu'en 1856, les hommes les plus considérables du Calvados, membres de la Société d'Agriculture de Caen, fort compétents dans la question hippique, exposèrent leurs doléances sur les conséquences fâcheuses de ce système, et que ces doléances, accueillies par la docte Société, furent vivement appuyées par les votes formels de l'Association Normande, du Conseil d'arrondissement de Caen et du Conseil Général du Calvados. Or, tous les praticiens français auraient fait une réponse analogue à celle des éleveurs normands, s'ils avaient été consultés ; car ils se seraient inspirés des besoins réels des localités au milieu

desquelles ils vivent, plutôt que de théories qui, pour paraître magnifiques devant le raisonnement, se transforment
en utopies en face de l'application. Cependant nulle contrée en France n'est dans d'aussi bonnes conditions que la
Normandie pour offrir à l'industrie étalonnière les garanties de bénéfices réels ; de telle sorte que, quand même
là, l'industrie serait mure pour recevoir cette modifica-
tion, nous persisterions à croire qu'il n'en est pas ainsi du
reste de la France. Mais la Normandie a répondu. Nul ne
peut mieux qu'elle-même apprécier ses besoins. Devant un
tel fait, nous sommes étonné que les partisans du système
opposé n'acceptent pas leur condamnation.

V.

A l'appui de leur manière de voir, ces derniers, en outre
de ce qui a lieu dans tel pays étranger, citent chez
nous-mêmes l'industrie mulassière et l'élevage de nos races
de trait, qui sont prospères, bien que l'État ne leur accorde
aucun encouragement.

1° Pour ce qui est de l'Angleterre, dont l'aristocratie,
cousue d'or, exerce sur l'agriculture et notamment sur la
production chevaline la plus noble influence, non seulement en donnant de bons conseils, mais encore en prê-
chant d'exemple et s'imposant les plus larges sacrifices,
est-ce bien sérieusement qu'on persiste à prétendre que
ce qui s'y fait puisse se réaliser chez nous? Poser une telle
question, c'est la résoudre ; car il est indubitable qu'il
n'entre pas dans les goûts de nos riches nationaux, qui,
la plupart, vivent éloignés de leurs terres, de s'occuper

des détails de la production et de l'amélioration de nos races chevalines ou autres.

2° L'industrie mulassière ne saurait, sous aucun rapport, être comparée à la production chevaline de luxe. Le produit en est utilisé par celui-là même qui le fait naître ; il lui devient aussi nécessaire que le pain qui le nourrit. En outre, à tous les âges et quelles que soient les circonstances politiques et financières qui entravent le luxe et les grandes industries, les mulets se vendent couramment, à des prix d'autant plus rémunérateurs, que les services qu'on en a déjà retirés couvrent la plus grande partie des frais, car ils travaillent dès l'âge de dix-huit mois. Avec de telles racines, cette industrie est profondément implantée dans les habitudes de quelques contrées. De plus, ces animaux sont si rustiques, si peu exigeants ; certaines tares qui détruisent la valeur de chevaux de luxe leur nuisent si peu, qu'il n'y a nullement lieu d'être étonné de voir cet élevage se soutenir et prospérer. Nous ajouterons même que les étalonniers ne retirent que de minces revenus de leur industrie, et que nous avons entendu un homme fort compétent nous affirmer que dans tel *atelier*, tout compte fait, on retrouvait à peine le fumier pour tout boni. Est-il besoin d'ajouter que le baudet réclame moins de soins que le cheval étalon, qu'il est cent fois moins embarrassant, et, par suite, d'un entretien beaucoup moins coûteux, et qu'enfin sa durée est bien près du double de celle du cheval.

3° La production de nos races chevalines de trait doit sa prospérité à la plupart des considérations qui précèdent et qui lui sont applicables. L'élevage repose sur des bases

fixes; le produit ressemble à ses ancêtres : il revêt le type
de sa race. Cette race est recherchée pour des besoins
constants, indépendants de toutes les circonstances. Aussi
la production est-elle sans cesse en rapport avec la consommation, par des intermédiaires assurés de s'approvisionner promptement avec les plus grandes facilités. Ce
sont ces relations suivies, offrant à l'éleveur garantie
de placement, et au marchand certitude d'approvisionne-
ment, qui tiennent la production et la consommation en
parfait niveau. Une industrie qui repose sur de telles
bases, devrait progresser sans cesse. Hé bien! sans parta-
ger certaines exagérations tendant à établir la dégénéres-
cence des races percheronne et bretonne, nous sommes
forcé d'avouer qu'elles ont néanmoins quelque chose de
fondé. La seule cause à laquelle il soit raisonnable d'attribuer cette altération des qualités natives, se rencontre dans
le mauvais choix des étalons; car les uns saillissent à
deux ans, d'autres manquent de qualités ou sont tarés;
tandis que ceux de choix sont enlevés par l'étranger, dont
les offres séduisent les détenteurs, qui cèdent à la perspective d'un bénéfice immédiat. Voilà où aboutit l'industrie
privée. A ceux qui prétendraient que ce tableau est béné-
volement assombri, nous pourrions opposer les plaintes
formulées à cet égard par les comices et les conseils généraux; et les demandes adressées à l'administration des
haras pour l'entretien d'étalons de trait dans ses établissements. Cependant l'étalon de trait peut, en dehors de la
monte, être utilisé à certains travaux et gagner une bonne
partie de son entretien. Les juments de qualité sont réu-
nies en grand nombre dans une même localité, tandis que

les poulinières destinées à produire le cheval de luxe,
sont si rares et si clair-semées, ainsi que nous le verrons
plus tard, que les étalons qui leur sont affectés dans
chaque station n'en saillissent qu'un petit nombre, et
s'épuisent à féconder de méchantes rosses, dont ne
pourra jamais résulter un bon produit. Dira-t-on encore
ici que c'est à l'administration des haras qu'il faut imputer
ces résultats fâcheux ?... Or, si l'industrie privée mérite
tant de reproches dans la manière dont elle se comporte
pour les races de trait, dont les étalons sont d'un prix et
d'un entretien bien inférieurs à ceux de luxe, bien que leur
saillie se paie aussi cher, comment espérer qu'elle doive
faire mieux là où les difficultés seront incontestablement
plus difficiles à surmonter.

VI.

Dans le système actuel, l'Etat achète de la production
les étalons qui lui sont nécessaires. Bien que nous recon-
naissions qu'il peut être commis des erreurs, nous ne pou-
vons pas admettre que ses agents passent à côté du bon
étalon pour s'arrêter sur le mauvais: cela n'est pas même
à supposer. A cet égard, nous devons proclamer que l'Administration achète tous les bons chevaux qui lui sont
présentés. Si elle en accepte qui laissent à désirer, c'est
qu'elle n'en trouve pas de meilleurs pour compléter son
effectif. Par exemple, nous croyons qu'elle paie plus cher
que ne paierait l'industrie privée. On a élevé ce grief.
Mais quel mal y a-t-il, si ce n'est dans les achats faits à
l'étranger? Il nous semble, au contraire, que c'est là un

encouragement puissant pour les éleveurs, auxquels l'industrie privée, quoiqu'on en dise, n'offrira jamais les mêmes garanties que l'État.

VII.

En admettant que l'Administration doive céder sa place à l'industrie privée, il arrivera ou qu'elle se retirera immédiatement, ou bien petit à petit, au fur et à mesure des progrès de sa rivale. Le premier mode est impossible, et le second offre mille inconvénients : en effet, quelque loyale que soit la conduite des haras, il y aura toujours, de la part de quelques-uns de ses membres, un sentiment de jalousie, qui engendrera des critiques plus ou moins fondées, et auxquelles leurs adversaires attribueront une portée hors de justes proportions. Les agents subalternes, quand ils seront en station, loin de la surveillance immédiate de leurs chefs, se livreront, il ne faut pas le méconnaître, à un système de dénigrement des chevaux qui leur feront concurrence. Ces tendances fâcheuses, l'industrie libre elle-même en usera pour triompher des difficultés qui lui feront obstacle. En somme, les deux camps offriront un spectacle peu édifiant, et qui portera à l'amélioration chevaline les plus graves préjudices.

C'est surtout dans les achats des étalons que cette concurrence provoquera de grand conflits ; car, d'un côté, les éleveurs croiront avoir avantage à livrer à l'État ; celui-ci ne voudra évidemment acheter que les meilleurs animaux parmi ceux qui lui seront proposés ; et, d'un autre côté, l'industrie privée prétendra que les prix offerts sont trop élevés, qu'elle ne peut les atteindre sans compromettre ses intérêts. En somme, il n'y aura que des mécontents; et les éleveurs, incertains sur le placement de leurs animaux, seront moins portés à faire des sacrifices, pour en obtenir de premier ordre. Les inconvénients de cette lutte seront en raison directe de sa durée. Dès aujourd'hui, il est aisé de comprendre qu'elle sera prolongée. Rien n'est fatal, dans une administration ou une industrie, comme l'incertitude de sa marche. Quant à nous, nous pensons, si cette expérience doit se faire, qu'il vaudrait mieux, au point de vue du résultat, que les haras fussent licenciés d'ici à une époque très-rapprochée, celle nécessaire pour laisser l'industrie particulière s'organiser.

VIII.

Mais comment s'organiserait-elle? Peut-être une grande compagnie n'attend-elle qu'un signal pour apparaître sur le tapis. Peut-être de grands capitalistes vont-ils, dès qu'ils verront le moment favorable, monter d'importants établissements dans les localités les mieux favorisées. Qui sait si on ne suppose pas que quelques hommes spéciaux, dans le but de se créer une position honorablement rétribuée, ne puissent fonder de modestes dépôts d'étalons, pour les répartir, pendant l'époque de la monte, dans les localités voisines. Enfin, pourquoi n'espèrerait-on pas que dans chaque station il dût se trouver un propriétaire ou un petit spéculateur disposé à la possession des deux ou trois étalons que la localité réclame?

Une grande compagnie, Dieu nous en préserve! Car ce

2

serait le cas de dire : pauvres éleveurs! pauvres action-
naires! Une grande compagnie aurait tous les inconvénients reprochés à l'administration de l'État, et d'autres
cent fois pires que nous ne voulons pas énumérer, sans
avoir aucun de ses avantages.

Les grands capitalistes ne se hasarderont pas à une entreprise qui, en tout cas, ne saurait offrir des bénéfices
attrayants, en rapport avec les tracas d'une surveillance
aussi difficile et surtout de risques aussi périlleux. D'ailleurs
cet adage : « Rien n'est coûteux comme de faire des chevaux, » ne court-il pas les rues et ne pénètre-t-il pas dans
les salons? Il y a longtemps, on en peut être certain, que
son écho a frappé l'oreille de tous les capitalistes. Puis,
quel est l'homme spécial, nous le demandons, qui, pour
ce genre de spéculation, parviendrait à captiver leur
confiance?

Reste l'homme spécial : nous admettons qu'il puisse
s'en trouver pour une telle entreprise. Nous supposons un
homme intelligent pour les achats, l'entretien et la répar-
tition de ses chevaux et possédant 150,000 francs, avec
lesquels il se procurera vingt étalons, dont le revenu
pourra atteindre de 12 à 15 mille francs, soit de 4,500 à
7,500 fr. de gain, après en avoir défalqué les intérêts
du capital. Mais si l'on met en regard de ce bénéfice l'es-
clavage dans lequel le plonge une telle administration, les
tracas qu'il éprouve quand, durant la monte, il doit confier
des animaux de prix à des hommes n'offrant que des garanties équivoques; enfin les risques qu'il court relative-
ment à des épizooties ou à des accidents moins calamiteux
qui, pour ne pas arriver souvent, n'en peuvent pas moins

compromettre tout ou partie de son avoir, on est bien
forcé de convenir que ce n'est pas là une spéculation qui
doive attirer.

Quant à espérer que, dans chaque localité, aujourd'hui
pourvue d'une station, il se présentera un petit spéculateur
ou un propriétaire disposé à entretenir les deux ou trois
étalons nécessaires, il y a lieu de n'en tenir aucun compte.
Le petit spéculateur n'offrirait jamais des garanties sérieuses.
Quant aux propriétaires, le goût du cheval est trop peu
inné chez eux ; ils auraient, en raison de leur incapacité,
de trop grands embarras pour se remonter ; l'entretien de
ces animaux, très gênants sur une propriété, leur occa-
sionnerait trop de tracas ; mais surtout il y aurait trop de
difficultés à recruter des palefreniers capables et méri-
tant toute confiance, pour fonder l'espoir de vaincre les
résistances qu'on rencontrerait chez eux.

IX.

D'ailleurs, si l'industrie privée pouvait réussir dans quelques localités privilégiées, elle végéterait partout ailleurs et
en voici le motif : le produit des saillies est l'un des éléments
du bénéfice et serait en rapport avec la valeur de l'étalon.
En tout cas, ce prix serait toujours plus élevé que celui que
l'Etat perçoit. Or, ce taux accepté par les propriétaires des
juments de mérite, éloignerait au contraire les possesseurs
des mauvaises juments, qui assurément forment la majorité de celles présentées aux étalons de l'Etat. De telle
sorte que les bonnes étant clairsemées dans chaque localité, les étalons de mérite ne trouveraient à s'utiliser que par-

tiellement. C'est là, qu'on y réfléchisse bien, l'objection la plus sérieuse qui puisse être adressée aux partisans de l'émancipation.

Nous le répétons, rien ne peut nuire davantage au succès de l'élevage, que l'incertitude dans la direction à lui imprimer. Cette incertitude sera aggravée, dans ses résultats, par l'antagonisme que l'expérience du système nouveau créera entre les deux industries rivales. Des intérêts forts respectables seront compromis encore une fois, par cet esprit de dénigrement, si commun aux Français, et qui, en tout temps, a obligé l'administration des haras d'user une partie de ses forces à se défendre, au lieu de les faire concourir au bien qu'elle aurait certainement réalisé, si elle eût été franchement appuyée.

X.

Nous ne discuterons pas les préférences à accorder, suivant les circonstances, aux étalons purs, anglais ou arabes, et la part qui doit être faite à ceux ayant plus ou moins de sang. C'est là une question de détail, dont on doit tenir le plus grand compte dans la pratique, mais dont il serait superflu de s'occuper ici. Cependant nous éprouvons le besoin de déplorer qu'on n'ait pas pris plus de soins pour conserver intactes nos anciennes races, afin de les allégir et de les rendre plus vigoureuses et plus distinguées, à l'aide de l'un ou de l'autre pur sang, et qu'au lieu de recourir à des demi-sang des races qui leur sont étrangères, on n'ait exclusivement employé ces derniers dans la race de leur mère. Si ce système eût été suivi, nous aurions la race bretonne et l'anglo-bretonne, la poitevine et l'anglo-poitevine, la percheronne et l'anglo-percheronne, etc., etc., au lieu de n'avoir, dans ces contrées, que le mélange du sang noble avec l'alliance de deux races communes, souvent opposées dans leurs affinités et qui, en tout cas, ont dû leur formation à des circonstances fort différentes. L'instabilité des caractères chez le produit est en raison directe du nombre des races qui ont concouru à la formation des reproducteurs. C'est pour avoir méconnu cette vérité sanctionnée par la science, qu'on ne retrouve pas, dans la même localité, une réunion d'individus se rapprochant d'un type, et que nos anciennes races semblent tendre à se transformer en un mélange incohérent, dont la bizarrerie dans la faculté de reproduction des formes déroute les calculs des éleveurs les plus expérimentés.

Si, au contraire, on avait suivi le système que nous indiquons, on aurait conservé, en les améliorant, les types de nos anciennes races ; on aurait pu établir avec précision les règles à suivre dans la pratique du croisement par le sang noble. Le type commun aurait permis de faire un pas en arrière, quand le croisement en aurait atteint un de trop en avant. En opérant, dans chaque localité, l'achat des mâles croisés les plus perfectionnés, on aurait possédé des étalons nés et façonnés à l'influence des conditions au milieu desquelles ils devaient vivre et se reproduire. Enfin ce système eût donné une vive impulsion à l'amélioration sur tous les points de la France, en offrant aux éleveurs la perspective de retirer un grand prix de leurs sujets d'élite.

De cette façon, les individus se fussent ressemblés entre

eux, de manière à constituer des attelages et à acquérir ainsi une valeur plus grande.

Nous n'insisterons pas sur les avantages de ce système qui, pour nous, sont de la plus complète évidence ; mais nous ajouterons que c'est suivre de faux errements, du moins selon notre pensée, en aspirant dans telle localité à obtenir une race que son sol ou son climat ne comportent pas. Sous ce rapport, on ne saurait trop s'inspirer des rapports intimes qui existent entre les conditions climatériques et telle ou telle race, si l'on veut éviter les mécomptes les plus décourageants.

XI.

Ajouterons-nous que les établissements des haras nous paraissent trop monumentaux ; que les droits d'octroi payés pour les objets de consommation sont, pour les villes qui se sont imposées, une large rémunération, tandis qu'ils constituent, pour l'administration, un impôt fort onéreux ; que ces établissements eussent été mieux placés dans des centres agricoles, où les fourrages, les grains et les fumiers eussent été utilisés sur place, au grand avantage de l'administration, et qu'enfin là il aurait été facile d'établir d'immenses padoxes où tous les jours, à tour de rôle, chaque étalon eût pu prendre ses ébats, respirer l'air pur et renforcer sa vitalité par un exercice salutaire. Mais l'administration a été en butte à trop de persécutions et nous sommes trop convaincu de l'importance de son maintien, pour donner à ces critiques plus de portée qu'elles n'en ont.

Aussi bien nous espérons démontrer que si l'amélioration chevaline n'a pas progressé davantage, ce n'est pas à l'administration qu'en doit incomber la responsabilité ; car, pour clore ici tout ce que nous voulions dire des étalons, *nous rappellerons que les 2,000 sujets d'élite que possède la France doivent saillir 100,000 juments, à raison de 50 chacun. Qu'il n'est pas possible d'admettre qu'il y en ait moins de 60,000 de fécondées, et qu'en supposant que la moitié seulement des produits de ces dernières parviennent à bonne condition à l'âge de quatre ans, on obtiendrait le chiffre de 30,000, suffisant pour remonter la France entière en chevaux de luxe ; cependant 15,000 de ces animaux sont annuellement importés de l'étranger ; c'est-à-dire la moitié de notre consommation.* Or, si nous parvenons à démontrer, par l'examen des faits, que si les étalons remplissent convenablement leur rôle, les poulinières et les éleveurs sont loin d'être à la hauteur du leur, nous espérons bien qu'on cessera de déclamer contre les haras, et que l'on voudra enfin remédier au mal en l'attaquant dans sa racine.

XI.

LA POULINIÈRE.

La poulinière a, sur le produit, une influence au moins égale à celle de l'étalon ; de telle sorte que le jeune sujet présente d'autant moins de qualités que la mère s'éloigne davantage du type recherché. Ils sont bien rares les éleveurs qui conservent pour la reproduction une jument de prix, exempte de tares nuisant à sa valeur et à son service. Il y a longtemps que nous avons dit qu'une boiterie incurable ne tenant pas à un vice héréditaire, chez une jument d'élite, était un bienfait pour l'amélioration chevaline.

En effet, à part des exceptions malheureusement trop rares, les juments saillies par des étalons de luxe comprennent les catégories suivantes :

1° Les pouliches saillies à deux ou trois ans qui, après avoir élevé un ou deux produits, sont vendues à la remonte ou au commerce.

2° Les juments qui, en raison de tares ou de vices de conformation, n'ont qu'une minime valeur et qui, par ce motif, sont conservées à la ferme à titre de poulinières.

3° Des juments de petite taille, communes et mal conformées, et dont l'amélioration, quels que soient le mérite de l'étalon et les bons soins dispensés aux produits, ne pourra atteindre qu'exceptionnellement le but poursuivi et encore après deux ou trois générations.

XIII.

En parcourant les pays d'élevage, on peut se convaincre que les poulinières d'élite, hormis quelques contrées du Midi, de la Normandie et de la Vendée, sont extrêmement rares. Dans ce dernier pays, chez les fermiers les mieux pourvus, on rencontre, le plus communément, trois poulinières : l'une est dans sa troisième année et a été saillie à deux ans ; la deuxième est dans sa quatrième année et a déjà élevé un produit ; la troisième est dans sa cinquième année et sera vendue à l'âge de six ans, quand elle aura élevé son troisième poulain. Dans la plupart des cas même la jument est vendue à cinq ans. Si l'on rencontre, mêlée à ces jeunes mères, quelque vieille jument, on se convainc, en l'examinant de près, qu'elle porte quelque tare qui aurait nui à sa vente à l'âge de cinq ans. Voilà l'état de l'élevage dans le pays le mieux favorisé pour ce genre d'industrie. Cependant les produits mâles issus de ces jeunes bêtes sont vendus à l'âge de deux ans, pour être élevés en Normandie, à une moyenne d'au moins 700 fr. Ainsi dans la Vendée la race se maintient et progresse à l'aide de pouliches livrées trop jeunes à la reproduction; lesquelles seront vendues après leur deuxième ou après leur troisième gestation, pour être remplacées par leurs filles. De telles mères ne peuvent transmettre à leurs descendants ce qu'elles ne possèdent pas elles-mêmes. Si parmi ces juments quelques unes ont une bonne conformation, on voit cependant qu'en général elles manquent d'harmonie, que leurs articulations sont rétrécies et leurs dos un peu mous. Cela s'explique, car l'influence de la race mère a cessé depuis longtemps. C'est une sous-race étrangère, elle-même imparfaitement fixe, qui vient réclamer à un sol différent de celui qui l'a produite, la consolidation de ses caractères, d'autant plus mobiles qu'ils remontent à une époque moins ancienne.

XIV.

Cependant ces pouliches forment, en France, une bonne proportion des poulinières de mérite appliquées à la mul-

tiplication des chevaux de luxe. Le nombre de ces animaux
fournis annuellement par la production française, est une
base assez sure pour fixer celui des poulinières qui les ont
engendrés. D'après les calculs les plus larges, les éleveurs
français ne fournissent pas annuellement plus de 15,000 chevaux de luxe ou de guerre. Or, en admettant qu'autant de
ces produits ont péri ou mal tourné depuis leur naissance
et que deux cinquièmes des juments saillies n'ont pas été
fécondées, on trouve le chiffre de 50,000 poulinières,
chiffre qui en réalité n'est pas atteint, et qui montre notre
misère sous ce rapport. Ce chiffre n'est pas atteint, disons-
nous : nous nous basons pour émettre cette assertion, sur
cette considération, que l'élevage serait tout-à-fait impossible, économiquement parlant, si pour produire trois
chevaux ordinaires, de bonne valeur marchande, dix juments étaient nécessaires. En supposant les frais annuels
d'entretien de chacune d'elles à 150 fr., sans parler du
chapitre des accidents, de l'intérêt et de l'amortissement
du capital, les dix juments auraient coûté, depuis la saillie jusqu'à la mise-bas, la somme de 1,500 fr. Mais comme
six d'entre elles étaient suitées et qu'elles ont dû allaiter
leurs poulains, nous défalquons de cette somme, celle de
300 fr. qu'il est juste de porter au débit de ceux-ci. Nous
voulons admettre que les trois poulains qui ne réussissent
pas, couvrent néanmoins par leur vente, les frais d'entretien depuis leur naissance ; or, il résulterait de ce calcul
que chacun des poulains arrivés à bonne fin, aurait coûté
400 fr. à la naissance. Ce chiffre possible pour des animaux d'élite, serait ruineux pour l'élevage des chevaux de
dragons de tête, à plus forte raison pour des chevaux

ordinaires ou inférieurs. Si nous avons admis, comme base de nos calculs, des évaluations empruntées à des documents authentiques, c'est que les déductions qui en découlent conduisent directement au résultat que nous cherchons à mettre en évidence ; mais nous sommes convaincu que ces appréciations vraies pour la production de l'espèce, ne sauraient heureusement être rigoureusement appliquées à nos races d'élite, et que pour ces dernières, les soins apportés dans la préparation de la mère et les précautions dont on entoure les saillies, expliquent que la proportion des fécondations doit varier entre les races de prix et celles de petite valeur. Nous avons sous les yeux l'état de monte pour une station de trois chevaux en 1855.

De 210 juments saillies, il est résulté :

> 73 mâles.
> 94 femelles.
> 4 avortements.
> 36 juments non fécondées.
> 3 sans renseignements.
> _____
> 210

D'après ce document il faudrait réduire le chiffre que nous avons accepté, de plus de moitié ; puisque ici les femelles non fécondées sont dans une proportion d'un peu moins d'un cinquième, au lieu des deux cinquièmes. Ce document a pour nous une grande valeur, parce que celui qui nous l'a fourni nous inspire la plus grande confiance. Cependant nous admettons que l'observation sur une grande échelle puisse en modifier le résultat.

XV.

A celui qui prétendrait que les bonnes poulinières sont, en France, dans une proportion suffisante, nous proposerions, à cette époque de la monte, une tournée générale pour examiner dans chaque station les bêtes présentées à l'étalon. Il jugerait si plus de la moitié, oui, plus de la moitié de ces bêtes rabougries, misérables, mal conformées, quand elles ne sont pas tarées, offrent quelque garantie pour l'amélioration de leur race — quelle race ! — et si elles valent la peine que l'État s'impose de si grands sacrifices pour l'entretien d'étalons dont elles sont indignes. Le mal d'où prévient notre pénurie de chevaux distingués, le voilà.....

Mais, nous dira-t-on, ces juments fécondées par un étalon de choix jetteront un produit dont les soins et la nourriture compléteront le développement ; ce produit se ressentira tellement de l'influence du père, qu'il ne faudra qu'une seconde ou une troisième génération pour en obtenir un sujet à la hauteur du mérite recherché. A ce compte, il y a longtemps que nous devrions être riches en beaux chevaux. Mais c'est là une chimère, une complète illusion ; car si nous admettons qu'une jument de petite taille, mais coffrée et bien conformée, puisse fructueusement développer, dans le germe, l'influence qu'y a déposée le père, et produire un sujet d'une amélioration manifesté et d'autant plus marquée qu'une abondante nourriture et de bons soins lui auront été départis, il n'en est pas moins vrai que les juments petites, pauvres, tarées et mal conformées ne sont susceptibles d'aucune amélioration par l'influence de grands étalons. Il y a amélioration et amélioration progressive dans nos chevaux croisés depuis vingt-cinq ans, ajoutera-t-on. Nous en convenons; mais la progression est lente et à peine au niveau de l'augmentation de la consommation, si bien que le déficit ancien subsiste toujours. D'ailleurs, cette progression dans l'amélioration doit être attribuée à la conservation pour la production de bonnes pouliches, elles-mêmes issues de bonnes juments, et à la conversion de quelques éleveurs qui, ouvrant les yeux à la lumière, reconnaissent les avantages d'avoir de bonnes poulinières, qui ne mangent pas plus que les mauvaises. Seulement la routine encore ici l'emporte sur le progrès ; car, même parmi ceux dont les ressources le leur permettraient, la plupart reculent obstinément devant ce sacrifice.

Offrez à la majorité de ces éleveurs une poulinière d'une valeur de 600 fr.: ils se sauveront effrayés d'une somme aussi élevée. Une bête de 150 ou de 200 fr., à la bonne heure, voilà ce qu'il leur faut ; encore voudraient-ils qu'elle fut pleine. En ceci nous avouons qu'ils ont raison, car rien n'est plus décourageant que de conserver une jument une ou deux années sans avoir pu la faire féconder.

Il ne faut pas supposer que cette situation fâcheuse du mauvais choix des poulinières soit bornée aux pays dont l'élevage est une ressource accessoire. Dans les contrées où l'industrie chevaline forme l'une des principales richesses des revenus agricoles, les mêmes errements sont à déplorer, et il suffit de voir une grande foire de Normandie, pour se convaincre combien, sur la masse des chevaux, la proportion des bons est minime.

Cette répugnance de nos paysans à comprendre les avantages qu'ils retireraient, quand ils ont de quoi nourrir, de la possession de bonnes juments, sera, d'ici à un époque bien éloignée, le principal obstacle à l'amélioration. Nos campagnards sont prodigues de leurs sueurs, aucun travail pénible ne les effraie ; mais quand il s'agit d'émettre un capital pour l'amélioration de leur exploitation, rien ne peut vaincre leur résistance. Sous ce rapport il est impossible de les convaincre, quelle que soit l'évidence des bonnes raisons alléguées.

XVI.

Si les pays qui produisent nos meilleures races de trait avaient voulu franchement entrer dans la voie du croisement et qu'on leur eut offert des étalons d'un mérite réel, nous croyons qu'ils auraient obtenu des résultats excellents ; mais pour combler un vide, on en aurait ouvert un autre. Peut-être, s'il en avait été ainsi, notre agriculture et certaines industries élèveraient-elles aujourd'hui les plaintes les mieux fondées ; car les animaux de trait répondent encore en ce moment à un besoin aussi respectable que les besoins de l'armée et du luxe. D'ailleurs il est difficile de détourner de leur cours les habitudes enracinées ; en somme, ces pays ont peut-être mieux servi leurs intérêts en restant dans la voie que leur a tracée une longue tradition.

Cependant, ce que les producteurs de ces races de trait n'ont pas voulu faire, les éleveurs d'autres contrées peuvent le réaliser, en leur empruntant les bonnes juments qu'ils exportent en grande quantité. C'est là une ressource qui ne fera jamais défaut à la France : un jour elle sera peut-être heureuse de pouvoir y puiser.

En somme, si précédemment nous avons constaté que le chiffre de 2,000 étalons était tout-à-fait suffisant pour produire les chevaux de luxe nécessaires à la France, l'examen auquel nous venons de soumettre la situation des poulinières démontre qu'elle est loin de répondre aux besoins de cette consommation. Là, avons-nous dit, est la cause du mal. Pour la combattre, c'est dans sa racine qu'il faut l'attaquer.

XVII.

Chez l'éleveur susceptible de bien nourrir, une bonne poulinière doit être substituée à la mauvaise qu'il possède. Cela est facile à dire, mais plus difficile à réaliser. Cependant qui veut la fin, doit vouloir les moyens.

Mais ces moyens quels sont-ils ?

Des primes aux poulinières ne produiraient pas des résultats efficaces, en ce sens que ce seraient les plus belles existant aujourd'hui qui les obtiendraient : leurs propriétaires sont tellement convaincus de leurs avantages par l'expérience qu'ils en ont faite, qu'il n'est besoin d'aucun encouragement pour les leur faire conserver.

Si la remonte n'achetait les juments qu'à sept ans, nous pensons que quelques-unes seraient employées pour produire des poulains jusqu'à cet âge; mais il ne faut pas se dissimuler que le commerce qui, en général, préfère les femelles aux mâles, se les approprierait pour la majeure partie, et ce moyen n'atteindrait pas le but, ou du moins ne l'atteindrait qu'imparfaitement.

La saillie gratuite des bonnes juments, son prix au contraire élevé pour les médiocres et l'exclusion des mauvaises, constituent un palliatif impuissant.

Nous pensons que l'Etat devrait acheter de bonnes juments, qui seraient revendues à l'enchère, à la condition d'être conservées par l'acquéreur et employées à la reproduction, ou remises à l'administration pour le prix d'achat, au cas où il plairait à celle-ci de les reprendre, quand l'acquéreur ne voudrait plus les conserver. Ce moyen, pour paraître plus coûteux, serait néanmoins plus efficace que l'espérance de voir la mauvaise jument remplacée par sa fille un peu meilleure, et celle-ci par sa petite-fille : ce qui en tout cas demande une douzaine d'années pour obtenir un résultat palpable, en supposant que la fille prenne la place de la mère, dès qu'elle est en âge d'être fécondée ; car le plus souvent il arrive qu'elle est vendue à quatre ans, pour tout autre chose que poulinière ; la mère, au contraire, n'est remplacée que quand elle tombe de vétusté.

L'un des motifs qui éloigne davantage l'éleveur de l'achat d'une bonne jument, c'est la crainte qu'elle ne soit pas fécondée et que les frais qu'il s'impose ne tournent en pure perte. Mais si l'administration voulait entrer dans la voie que nous indiquons, pourquoi n'engagerait-elle pas les éleveurs à faire saillir les juments qu'ils préparent à la vente, en leur laissant entrevoir la perspective d'un bon placement, au cas où elles seraient pleines. La bête qui doit être vendue au commerce ou à la remonte à quatre ans, serait saillie à trois ans; la poulinière qui, après avoir élevé son produit, doit être préparée à la vente, pourrait être saillie après la mise-bas. Il est parfaitement établi que l'état de gestation favorise l'embonpoint et augmente l'apparence des femelles : aussi sommes-nous porté à croire que les éleveurs accepteraient volontiers cette pratique, s'ils étaient certains de ne pas manquer leur débouché.

Il va de soi que tout vendeur serait exclu du droit d'acquérir la poulinière objet de l'enchère, et que des précautions devraient être prises pour éloigner toute espèce de fraude à cet égard.

Les régiments possèdent des juments qui, quoique d'une belle conformation, laissent souvent à désirer sous le rapport du service. Ces juments pourraient être saillies par un étalon approprié et vendues à l'enchère, quand aurait été constaté leur état de gestation. Jusqu'à ce moment, elles auraient été utilisées à leur service ordinaire.

Le déficit dans le prix de vente serait supporté par un crédit inscrit au budget, au titre : « Encouragements à l'agriculture. » Il est probable que les conseils généraux, comprenant la haute portée d'un tel encouragement, consentiraient à participer aux sacrifices que s'imposerait l'Etat, dans leurs départements respectifs.

Peut-être, en fin de compte, ce système, dont l'efficacité est incontestable, ne serait-il pas aussi coûteux qu'à première vue il apparaît; car, qu'on reporte sa pensée vers les ventes qui s'opèrent dans les établissements de l'Etat, pour les sujets des espèces bovine et ovine, et on se convaincra que ces animaux se vendent, en général, à des

3

prix rémunérateurs. A la suite de la guerre de Crimée, dans les ventes par réduction d'effectif, des chevaux atteignirent souvent le prix que la remonte les avait payés.

XVIII.

Si l'Etat ne doit pas accueillir ce moyen de relever notre beau pays de l'infériorité qui le distingue de ses voisins, sous le rapport de la richesse chevaline, nous convions tous les amis du progrès à former une association pour le placement, chez les éleveurs en état de les bien nourrir, des juments aptes à la reproduction, aux conditions déterminées par le code civil, mais modifiées en faveur du cheptelier, jusqu'à concurrence de la garantie, pour les bailleurs, des risques et des intérêts de leur capital.

Qu'on ne s'y trompe pas, ce serait là une spéculation avantageuse à la fois pour l'association et pour le producteur; car l'élève d'une bonne jument serait vendu au moins le double de ceux que fournissent plus de la moitié des poulinières saillies par les étalons de l'Etat. Cette plus-value, répartie en de justes proportions entre les deux parties contractantes, serait une meilleure rémunération pour le fermier que celle qu'il obtient de son élevage vicieux; mais surtout il puiserait dans l'expérience de ce que peut une bonne poulinière, des enseignements fructueux, et il ne serait pas longtemps à s'affranchir de la tutelle de son associé. En effet, le prix de la mère serait soldé par la plus-value des trois premiers poulains, et pour les produits suivants les bénéfices nets seraient augmentés de cent pour cent.

Notre conviction qu'il n'est pas d'amélioration possible sans un meilleur choix de poulinières, est depuis longtemps établie, et pour la rendre plus évidente aux yeux de certains esprits, nous demanderions si, pour obtenir de bonnes récoltes sur un sol appauvri, délaissé, aride, ils croiraient suffisant de se procurer la graine des plus belles variétés de plantes à cultiver; s'il ne serait pas indispensable, au contraire, pour perpétuer les qualités de ces dernières, de semer sur une terre au moins égale en fertilité à celle qui les a produites? Cela, c'est le bon sens qui le dit.

XIX.

L'HOMME

Représentant les soins, le logement et la nourriture.

La nourriture est la base de toute production animale. Mieux vaudrait cent fois ne pas se livrer à l'élevage du cheval de luxe, que de laisser souffrir dans l'abstinence et la misère la mère et ses produits. Ce côté de la question est chaque jour mieux compris des éleveurs, et bien que sous ce rapport il y ait encore de grandes améliorations à réaliser, on peut affirmer qu'il y a progrès, et progrès sensible. Il n'est pas de contrée en France qui ne soit entrée dans la voie si féconde de la culture des prairies artificielles, cette source principale de la production économique des animaux; encore quelques pas de progrès dans cette voie et de grands résultats pourront être réalisés. D'ailleurs, l'influence de l'Etat ne peut s'exercer directement sur cet élément de la question, autrement qu'en

répandant des instructions pour vulgariser les bons pré-
ceptes d'élevage, et en encourageant les améliorations
agricoles, destinées à rendre plus productif le rude labeur
de nos paysans.

Nous ne nous appesantirons pas davantage sur cet objet ;
cependant nous mentionnerons comme nuisant aux jeunes
élèves, dans les pays d'herbages : 1° l'habitude fâcheuse
qu'ont les éleveurs de laisser les animaux trop tard dans
les prairies ; car, après les grandes pluies d'automne, les
herbes sont aqueuses, mêlées de boue, que les animaux
ingèrent et qui s'amasse dans les intestins, en boules, en
obstruant la capacité, et lesquelles se recouvrent de
myriades de petits vers et produisent des désordres locaux,
d'où résulte toujours un grand épuisement de forces et
quelquefois la mort ; 2° le manque d'une nourriture saine
et suffisante à l'écurie pendant la saison rigoureuse de
l'hiver. Les éleveurs répondent que la pousse du printemps
réparera promptement les forces épuisées. Que ne com-
prennent-ils que cette pousse produirait un résultat autrement avantageux, si ses bienfaits pouvaient exclusivement
s'appliquer à l'accroissement d'animaux en bon état
d'entretien ?

XX.

Les logements affectés aux animaux de toute espèce sont,
en général, mal installés, encavés, exigus, sans moyen de
ventilation et très-mal tenus ; les animaux y respirent un air
impur, dont l'altération est encore aggravée par les éma-
nations qui s'échappent de cloaques formés par le séjour
des urines et l'entassement du fumier. Les fermiers ne

peuvent guère complètement remédier à cet état de choses, qui dépend de l'incurie des propriétaires. Il faudrait posséder, dans l'espèce, une loi analogue à celle qui régit les logements insalubres.

L'aménagement des écuries et leurs abords présentent, en outre, des dispositions vicieuses, qui occasionnent, notamment sur les jeunes sujets, de graves et de fréquents accidents; mais, encore ici, l'influence de l'administration ne peut intervenir que sous forme de conseil.

XXI.

Les soins donnés aux animaux forment le complément d'un élevage judicieux. Les produits ont, en effet, une valeur qui varie selon que leur éducation a été plus ou moins bien soignée. Cette éducation, appliquée dès le jeune âge, a sur le caractère du sujet la plus grande influence : si la race bretonne est douce, docile entre les mains de l'homme, si elle donne avec la plus entière bonne volonté tout ce qu'elle possède de force et d'énergie, cela dépend, à n'en pas douter, de la manière dont elle a été traitée par son éducateur. Le Breton est doux, soigneux, patient avec ses chevaux; il ne les maltraite jamais : aussi le fruit de ces vertus se retrouve-t-il dans le caractère de ces excellents animaux.

Le Normand laisse beaucoup à désirer sous ce rapport, et si sa force de volonté parvient à soumettre le caractère de ses chevaux, ceux-ci conservent à jamais l'empreinte d'une violence à laquelle ils n'ont pu résister. Ils sont souvent froids et semblent délibérer avant d'obéir, quand ils reçoivent une incitation ; en effet, au lieu de se porter franchement en avant, sous l'impression de la mèche, ils marquent un temps d'arrêt et font mine de résister en simulant les prémisses de la ruade. Ce sont des êtres soumis, non en amis, mais comme de véritables esclaves, toujours disposés à secouer leur joug.

Dans le Midi, le jeune sujet fait partie de la famille ; il est rare qu'en rentrant le soir de la pâture, il ne se rapproche pas de la ménagère, pour manger dans sa main la friandise qu'elle a coutume de lui donner. Ce contact entre l'homme et l'animal, dès son bas âge, le rend doux à approcher, à panser, à conduire. Pourquoi, dans la contrée notamment la plus avancée, ne lui fait-on pas subir un dressage, pour l'habituer de bonne heure à porter l'homme ?

Dans la Vendée, partie du Marais, l'animal ne rentre à l'écurie que pendant quelques mois de l'hiver. Le reste du temps, il le passe dans les prés, ne subissant qu'exceptionnellement l'approche et le contact de l'homme. L'éleveur de cette contrée est d'un caractère très-doux ; il n'épouvante jamais ses animaux quand il les visite dans les herbages : ceux-ci, bien que d'un excellent fonds de caractère, sont sauvages, difficiles à manier, à conduire ; mais quelques jours de soins, judicieusement appliqués, suffisent pour leur rendre parfaite confiance et les plier à l'obéissance. Les animaux les plus turbulents sont mis dans l'impossibilité de se livrer à leurs ébats, signes d'une vigueur très-précieuse, par l'application d'une pièce de bois à l'un des paturons antérieurs. Cette pièce, appelée *talbot*, est d'une certaine longueur et croise le membre opposé, sur lequel elle produit des contusions, d'où résultent fréquemment des suros. Pour éviter ces coups, l'animal fait décrire au membre garroté un demi-cercle en dehors pendant la marche. C'est, à n'en pas douter, à cette cause qu'il faut attribuer l'irrégularité qui se remarque souvent chez ces chevaux, dans les mouvements des membres antérieurs. On a recours au talbot, parce que, dit-on, en forçant l'animal à rester tranquille, il engraisse mieux. Comme s'il s'agissait de graisse ici!...

XXII.

Une observation attentive permet d'arriver à cette conclusion, que le moral des animaux est intimement lié au caractère des populations au milieu desquelles ils vivent. Si de bons conseils peuvent redresser les erreurs les plus abusives, il y aurait quelque témérité à élever la prétention de réformer les instincts qui appartiennent à chaque groupe de population, pour les ramener à un type préféré ou idéal : en effet, nous avons, tous, les défauts de nos qualités.

Aussi doit-on se borner à réclamer de l'élevage, des animaux distingués par leur conformation et leur énergie, bien développés par une nourriture saine et substantielle, et assez dociles pour souffrir le contact de l'homme et obéir à sa volonté judicieusement exprimée.

XXIII.

En conséquence, nous ne pensons pas que des institutions hippiques, telles que des écoles de dressage, de grands établissements équestres, puissent produire les résultats que leurs partisans leur attribuent. Certes, il est loin de notre pensée de prétendre que ces institutions ne soient de nature à propager le goût de l'usage du cheval; mais, en vérité, ce goût ne fait guère défaut en France, puisqu'il s'y effectue une consommation immense de ces animaux, consommation telle, que nous sommes obligés, pour la satisfaire, de porter annuellement 20,000,000 de francs à l'étranger. S'il était vrai que beaucoup de nos beaux élèves restassent sans débouché, faute d'un dressage précoce, nous accepterions ces projets comme utiles; mais il n'en est pas ainsi. Nous reconnaissons que l'animal dressé a une plus grande valeur que celui qui ne l'est pas (et encore pas toujours.....); cependant il est impossible d'admettre que l'animal brut, quand il n'a pas des vices de caractère irrémédiables, ne trouve pas facilement des acquéreurs qui le dresseront.

Les écoles de dressage, dit-on, ont l'immense avantage de servir d'un intermédiaire économique entre la production et la consommation. Il y aurait beaucoup à redire là-dessus. Mais nous nous contenterons de rappeler que si les consommateurs se méfient tant des chevaux de fermiers, c'est moins parce qu'ils redoutent les chances du dressage, que parce qu'ils savent qu'il faudra soumettre ces animaux à un régime fortifiant et à un travail modéré et progressif, avant d'en pouvoir retirer le service qu'ils en attendent. En quoi, nous le demandons, les écoles de dressage peuvent-elles remplir ce double but, de manière à concilier tous les intérêts?

Le dressage d'un cheval : mais c'est la moindre des

choses, en ce sens que nous comprenons qu'il soit restreint
aux nécessités de l'usage des chevaux de notre époque,
qui se soucie peu des chevaux savants. Un marchand qui
offre un cheval brut se chargera de le livrer serviable,
quinze jours après. On trouve partout des hommes sérieux
qui, moyennant trois francs par chaque séance, le dresseront à la voiture, en moins de quinze leçons. Cependant
c'est cela qu'on demande aux écoles de dressage : seulement elles le font payer, quoiqu'on en dise, plus cher que
l'industrie privée.

Mais le cheval vicieux, celui qui tombe malade ou subit
un accident pendant son séjour à l'école, constitueront
toujours l'éleveur en perte. Et ces cas malheureusement
arrivent trop souvent.

L'animal qui donnait de bonnes espérances et qui ne les
réalise pas, qu'en ferez-vous? ... Vous le vendrez comme
tel ; mais l'éleveur ne sera pas content.

L'acquéreur chez lequel des chevaux récemment achetés
tourneront mal, n'aura pas, comme chez les marchands,
la facilité de les échanger. On sait que le caprice joue souvent
un certain rôle dans ce commerce, et, sous ce rapport,
nous ne voyons pas précisément que les écoles de dressage
puissent favoriser les transactions.

Assurément nous serions heureux de trouver un moyen
de reformer radicalement ce sentiment, qui est exploité
au grand détriment de la réputation du commerce des
chevaux. Si les écoles de dressage pouvaient obtenir ce
résultat, nous battrions des deux mains ; mais elles sont et
seront toujours impuissantes.

Quant à espérer qu'elles puissent créer des hommes de

cheval qui, retournant dans les campagnes, y devraient appliquer à l'élevage les connaissances acquises, il n'y faut pas compter. Il peut sortir des cochers des écoles de dressage, mais non des éleveurs. Aussi ces écoles, par leur nature, intéressent-elles davantage la consommation que la production.

L'éleveur, qu'on ne s'y trompe pas, est un agriculteur, dont l'industrie chevaline n'est qu'une branche plus ou moins importante de son exploitation, et s'il devait donner à ses successeurs une instruction agricole quelconque, ce n'est pas à une école de dressage qu'il aurait raison de les envoyer.

Ainsi les écoles de dressage ne peuvent pas faire de mal; mais nous soutenons que les subventions dont elles sont l'objet seraient plus utilement appliquées à améliorer l'élevage des routiniers, qu'à faciliter le débouché des animaux améliorés, débouché qui assurément ne fait pas défaut. En aucun cas, cette institution ne peut réaliser les espérances annoncées, avec grand fracas, par ses partisans.

Que pourrions-nous dire de l'idée de créer de grandes écoles d'équitation, comme si chaque grand centre n'avait pas la sienne, et si quelques-unes ne comptaient pas à leur tête des hommes justement célèbres? Mais ces écoles ne profiteraient qu'aux gens riches, et, en vérité, ils peuvent bien en faire les frais. En tous cas, il est inutile de chercher à développer chez eux le goût de l'équitation plus qu'il ne l'ont. Tous les fils de famille montent à cheval, pas comme autrefois, nous en convenons. Certes, nous ne discuterons pas si c'est un bien ou un mal de pratiquer les casse-cou des chasses ou des steeple-chases, plutôt que d'imiter la méthode académique des écuyers de Versailles : du moins nous sommes convaincu que ces écoles n'agiraient que très-indirectement sur la production chevaline.

XXIV.

La situation de l'industrie étalonnière appliquée aux races de trait, la nécessité pour le pays de ne pas laisser dégénérer ces races, non seulement en vue des services qu'elles rendent, mais encore à cause des ressources qu'elles offriraient comme pépinière de juments poulinières, au cas où on voudrait les appeler à concourir plus largement à la production des chevaux qui nous manquent, sont des circonstances qui nécessitent, de la part de l'Etat, l'obligation d'une intervention tutélaire.

Cette intervention est d'une utilité publique incontestable. Ce qui prouvera cette assertion, ce sera la difficulté de trouver à acheter, à quelque prix que ce soit, des étalons d'un mérite réel et représentant, avec une bonne conformation, les caractères de pureté de leur race.

Si ces étalons n'existent pas, il faut à tout prix les produire par une judicieuse sélection et des soins donnés aux élèves à toutes les époques de leur âge.

Nous voudrions que les étalons de sang amélioré des autres races fussent rigoureusement exclus du croisement à appliquer aux races de trait, en vue de la production du cheval de luxe.

Seuls les étalons purs de l'une ou de l'autre souche devraient remplir cet office. Plus tard, les métis de ce croisement seraient appelés à concourir à l'amélioration dans les conditions sanctionnées par l'expérience.

Pour la mise en pratique de ces idées, nous proposerions à l'Etat, si nous ne craignions d'amonceler contre nous les orages de certains partisans de l'industrie privée, de fonder en Bretagne une jumenterie, où immédiatement on s'occuperait de reconstituer les types de la race, dégénérés entre les mains des éleveurs, qui ne calculent qu'au jour le jour; immédiatement aussi on appliquerait sur les bonnes juments communes bien conformées, et les plus légères parmi les fortes, le croisement de l'un ou de l'autre pur sang. Les résultats que nous connaissons de ce croisement ne nous laissent aucune appréhension sur le succès qui couronnerait une telle entreprise. La répugnance des Bretons à accepter les étalons de croisement cesserait quand ils verraient les efforts employés pour conserver leur race pure, à laquelle, avec raison, ils tiennent par dessus tout. D'un autre côté, quand ils auraient fait quelques progrès dans ce croisement, les marchands de chevaux de luxe prendraient l'habitude d'aller s'y approvisionner, au grand avantage du consommateur; car l'anglo-breton, n'en déplaise à ses détracteurs, pour être moins distingué que l'anglo-normand, possède en réalité des qualités plus solides et serait meilleur cheval de guerre.

XXV.

On sait que la castration n'est pas pratiquée sur les mâles de ces races, et que ceux qui les utilisent comme tels prétendent, à tort, ou à raison (à tort, nous le croyons), que cette opération nuirait à leur aptitude au travail. D'un autre côté, on suppose que la pratique de cette opération, chez les jeunes sujets, serait un bienfait pour l'amélioration de la race, en rendant plus difficile l'emploi des mauvais étalons. Partisan convaincu de l'utilité de la castration, nous ne pensons pas cependant que sa généralisation pût apporter de notables améliorations à la valeur des étalons; car (c'est encore un argument puissant contre l'industrie privée) si cette industrie ne sait pas comprendre les avantages d'un sacrifice en choisissant pour étalons les plus beaux chevaux parvenus à quatre ans, comment espérer que les éleveurs puissent s'imposer des dépenses exceptionnelles en vue de faire des étalons de mérite, qu'ils ne trouveraient pas à écouler?

D'ailleurs, la castration a assez d'autres avantages pour que ses partisans doivent en poursuivre la réalisation.

Parmi les chevaux entiers, il en est beaucoup qui, châtrés jeunes, seraient restés plus légers dans l'avant-main et auraient été utilisés comme animaux de luxe. L'arme des dragons verrait, par une telle mesure, augmenter ses ressources dans une notable proportion.

Le cheval hongre a l'avantage de pouvoir être utilisé partout, tandis que le cheval entier doit recevoir exclusivement une destination particulière. Lorsqu'elle lui fait défaut, comme en temps de cessation de grands travaux publics, son prix baisse au-dessous de celui des juments de même race.

Mais, et c'est là une raison d'intérêt national, quand l'artillerie doit porter promptement son effectif du pied de paix à celui de guerre, des masses de chevaux d'âge sont

opérés et livrés aux remontes avant leur complète gué-
rison. Ces animaux soumis, dans des conditions aussi
fâcheuses, à des marches prolongées, aux inconvénients
des agglomérations, à un travail aux allures rapides auxquelles ils n'étaient pas habitués, supportent mal ces fati-
gues, dépérissent et sont, en notables proportions, dans
l'impossibilité de rendre de bons services. Aussi, quel que
fût le moyen employé pour généraliser la castration, nous
l'accueillerions avec bonheur; car cette mesure est à la
la fois d'intérêt public et d'intérêt national.

CONCLUSIONS.

Si le cheval de luxe manque à la France dans une proportion de 15,000 têtes par an, ce n'est pas au nombre
trop restreint des étalons ni à leur mauvais choix qu'il
faut l'attribuer.

Ceux que l'État entretient dans ses établissements ou
qu'il subventionne chez les particuliers, suffisent à alimen-
ter, en chevaux de luxe, les besoins de la France, car ces
besoins se bornent à 30,000 têtes; or, il n'est pas possible
de contester que les 100,000 saillies de ces étalons ne doivent produire et au-delà 30,000 sujets bien réussis à 4 ans.

En conséquence, les reproches adressés à l'administration des haras, qu'on prétend rendre responsable de l'état
de choses, ne sont pas fondés.

Cette administration, par le choix qu'elle fait pour ses
remontes, achète ce que nos grands éleveurs produisent de
mieux; elle paie les animaux de choix un prix plus élevé

que ne les paierait l'industrie privée : c'est là un grand stimulant à l'élève de reproducteurs d'élite.

La suppression de cette administration serait une faute très préjudiciable au double point de vue de l'intérêt public et de l'intérêt national ; car il n'existe pas en France des hommes offrant des garanties sérieuses pour se substituer à l'intervention tutélaire de l'État.

L'expérience qui pourrait être faite d'encourager les essais d'une telle substitution, aurait les plus fâcheuses conséquences, en créant un antagonisme entre les deux industries rivales; antagonisme qui réagirait d'une manière malheureuse sur l'amélioration.

Si l'influence de l'étalon et de la nourriture sur le produit est incontestable, celle de la poulinière n'est assurément pas moindre : aussi quel que soit le mérite de l'étalon et les aliments donnés au produit, ce dernier n'acquerra une certaine valeur qu'autant que sa mère, douée de qualités particulières, aura elle-même pu les lui transmettre.

Or, les poulinières ayant quelque valeur, parmi celles saillies par les étalons, en vue de la production d'animaux de luxe, ne peuvent donner que 15,000 sujets réussis à 4 ans ; ce qui permet d'affirmer que leur nombre, pour toute la France, est au-dessous de 50,000.

C'est donc à augmenter le nombre des bonnes poulinières que doivent tendre les efforts du gouvernement et des administrations locales.

Le moyen le plus efficace consiste à engager les détenteurs de bonnes juments destinées à la vente, à les faire saillir, en leur offrant la perspective du placement de ces bêtes, qui seraient achetées pleines par l'État, pour être revendues à l'enchère, à la condition consentie par les acquéreurs de les conserver et de les employer à la reproduction.

L'administration de la guerre pourrait aider à réaliser ce projet en livrant à l'étalon les juments qui n'ont pas une entière aptitude au service militaire, et qui cependant réuniraient la condition de bonnes poulinières.

Si l'État ne peut entrer dans cette voie, les hommes dévoués aux intérêts qui se rattachent à la question chevaline, devraient s'associer pour fournir à nos éleveurs les poulinières qui leur font défaut.

En tout cas, des instructions répandues et recommandées avec soin, appelleraient l'attention des propriétaires du sol et celle des fermiers éleveurs sur la nécessité d'avoir de bonnes poulinières, bien logées, bien nourries et bien soignées, ainsi que leurs produits. Cette amélioration, autant d'intérêt public que d'intérêt national, rendra productif l'élevage des chevaux et deviendra une source de bien-être pour les fermiers.

En effet, c'est là que se trouve la solution de la question.

Les espérances fondées sur l'influence des écoles de dressage pour augmenter la production, en favorisant la vente directe de l'éleveur au consommateur, sont chimériques et illusoires. Le débouché du bon cheval ne fait pas défaut.

Il y a un intérêt national immense à conserver intacte la pureté de nos races de trait.

Elles répondent à des besoins respectables.

Elles peuvent fournir les poulinières nécessaires à la production des chevaux de luxe, par un croisement raisonné.

L'État doit mettre tous ses soins à rechercher les étalons types de ces races pour les tenir à la disposition des éleveurs.

La Bretagne est sans contredit la contrée de France qui fait naître le plus de chevaux.

Sa race a une réputation européenne, justifiée par ses qualités. Le débouché ne fait jamais défaut à la production.

Aussi les éleveurs de cette province ont-ils reculé devant le croisement.

Cependant les immenses ressources chevalines de ce pays lui permettent de produire à la fois les chevaux de trait que lui réclament les contrées avec lesquelles il est en relation, et des chevaux de luxe si nécessaires.

Pour ouvrir cette voie, l'administration entretiendrait au centre de la Bretagne, une jumenterie composée de bêtes de pure race bretonne. On y éleverait la race pure et les produits du croisement de l'un ou de l'autre pur sang anglais ou arabe.

L'expérience déterminerait la part à faire aux métis des deux sexes pour compléter l'amélioration.

En tout cas on en exclurait tout étalon amélioré ou non d'autres races.

La vulgarisation de la pratique de la castration sur les jeunes sujets serait un bienfait immense, en multipliant les débouchés pour les mâles ; mais surtout au point de vue de la remonte de l'artillerie, quand elle doit effectuer des achats prompts et sur une large échelle.

www.ingramcontent.com/pod-product-compliance
Lightning Source LLC
Chambersburg PA
CBHW030932220326
41521CB00039B/2230